小猛犸童书

小多 少年时
科学思维 人文素养

北京科技报 专家团队 策划审定

未来科学家科普分级读物（第三辑）

# 人类的生存性风险

小多科学馆 编著　石子儿童书 绘

U0281401

"科普天团"
ke pu tian tuan　　liang shen da zao
为少年量身打造的
科普分级读物
ke pu yue du　　fen ji du wu

电子工业出版社

**Publishing House of Electronics Industry**
北京·BEIJING

# 目录

## 地球上的生物灭绝事件·4

生物大灭绝·4

当生物几乎灭绝·6

文明如何终结·8

志留纪假说·10

## 天降危机·12

大过滤器理论·12

小天体的撞击·14

超新星·16

## 来自地球内部的威胁·18

地球保护层的减弱·18

摇晃的大地·20

死亡来自地下·22

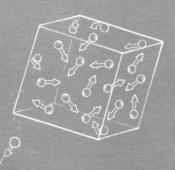

# 气候变化挑战人类生存·24

冰川和极地冰川的融化·24

更多的极端天气·26

破坏生态系统·28

对人类健康的影响·30

对社会和经济的影响·32

# 超级智能会毁灭人类吗·34

失常的机器人·34

人类失去对人工智能的控制·36

当前定义的人类的灭绝·38

# 科技领域的伦理问题·40

生物克隆技术·40

人造精子·42

人类基因组编辑·44

国际社会的共识·46

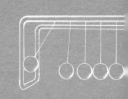

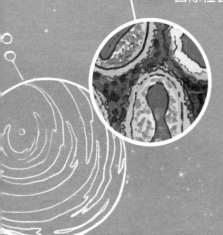

# 灾难与自我防护·48

生物武器·48　　　　海啸·56

化学武器·50　　　　火山爆发·58

核爆炸·52

地震·54

**未来科学家小测试·60**

# 地球上的生物灭绝事件

## 生物大灭绝

长期以来，受达尔文进化论的影响，地质学家们一直认为化石的累积是一个渐进的过程。现在我们知道，地球上曾发生过多次生物大灭绝事件，众多种类的生物在这些全球性的灾难中死亡。每次生物大灭绝事件发生后，自然界都会再次进化出新物种，填补大灾难留下的空白生态位。

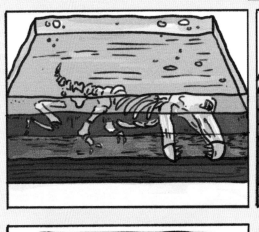

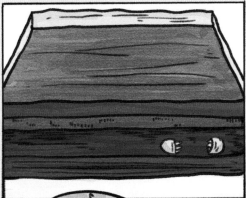

40 微米

目前我们已知，地球在过去5亿年里经历了五次重大的生物灭绝事件。其中每次都有至少一半的生物在短期内消失。地质学家眼中的"短期"大概指的是几百万年的时间。他们认为，曾经在地球上爬行、行走、遨游或飞行的生物中，超过90%的物种已经灭绝。46亿年是一个极其漫长的地质过程。伴随着地球内部和外部环境的巨大变化，生命从无到有时刻进行着演化，一方面适应着地球的环境，另一方面也在改造着生态环境。在不同的地质时期，曾有不同的新物种出现，同时也有不同的物种灭绝。

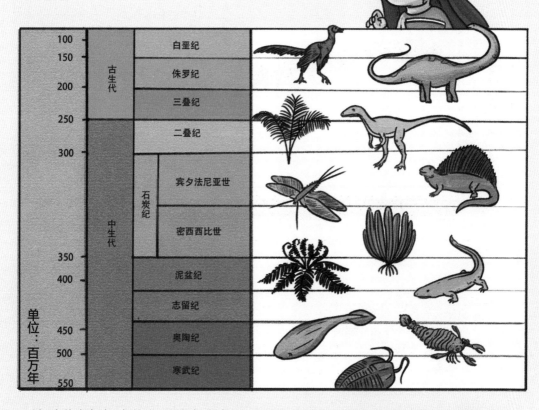

地质学家根据生物化石的变化来区分岩石的时代，进而给地球划分出地质年代。他们发现，灭绝事件多发生在地质年代的末期。每次灭绝事件的发生都会导致一些物种永远消失，也会有一些物种幸存下来。物种灭绝带来的影响十分巨大。例如，大多数恐龙灭绝于白垩纪末期的物种大灭绝事件（唯独喙鸟类幸存下来），这使得哺乳动物有机会演化出诸多新的生命形式。作为哺乳动物的一员，我们或许应该感激这次生物大灭绝事件。

注释　生态位：指特定物种在生物群落中所占据的位置，包括物种生存的环境、食物和生活方式等。

## 当生物几乎灭绝

发生在二叠纪与三叠纪之交的二叠纪末生物大灭绝，被认为是地质历史上发生的最严重的生物灭绝事件，距今约 2.52 亿年。在这次事件中，约 81% 的海洋生物物种和约 89% 的陆地生物物种先后灭绝。

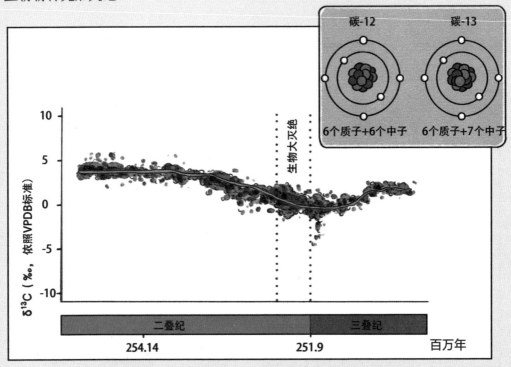

古生物学家可以通过逐层分析悬崖截面来观察化石在哪一阶段发生了变化。化石体积越小、数量越多，就越便于古生物学家对其年代进行判断，因为往往这种化石在岩层中分布广泛，更易于发现，不像大型化石那样稀有。其中，微体化石一般为微米级，很适合作为指准化石来判定其地质时期。通过研究化石，我们可以了解这些古老生物生活在什么环境中，它们的生活环境又发生了哪些变化，从而了解某些物种灭绝的原因。

**显微镜下的微体化石**

适合研究物种演变的理想的岩石序列是很厚的，并且存在连续的化石记录。更完美的情况是，具有规则层级的岩浆岩，因为可以通过放射性碳定年法（Radiocarbon dating）准确地测量出岩浆岩形成的年代，从而计算出生物演变的速度。科学家经过对位于我国浙江省的二叠纪末期的岩层研究发现，先前年代中存在的化石到某个边界时消失了，而这之后的新岩层中存在的化石种类很少，这意味着二叠纪末期的生态系统非常简单。直到几百万年后，新物种才在这里出现，进而形成了更复杂的生态系统。经过对化石的研究，我们了解到这次灭绝事件是突然发生的，而同一层岩石中的其他证据则可以说明当时到底发生了什么。

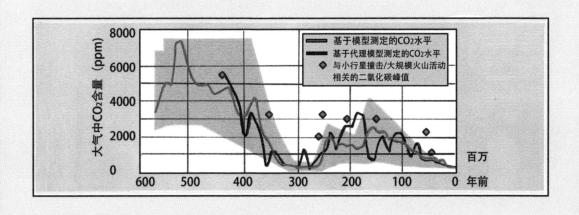

例如，在二叠纪末期的岩层内，许多证据表明岩石可能是在缺氧环境下生成的。岩石中富含的硫酸盐矿物是绿硫细菌存在的化学痕迹。绿硫细菌是在缺氧条件下进行光合作用的生物，它的存在说明当时的海洋是个缺氧的环境。

# 文明如何终结

罗马帝国是历史上重要的文明帝国，对西欧的历史和文化产生了深远的影响。法语、意大利语和西班牙语等都是从罗马帝国的语言演变而来的。数不清的欧洲城市最早均由罗马人建立。

罗马帝国的覆灭经历了漫长的过程，最终在公元 476 年彻底灭亡。导致罗马帝国衰亡的最直接原因是外族入侵。来自罗马帝国以东的包括哥特人、匈奴人和汪达尔人的入侵者频繁袭击罗马军队，最终终结了罗马帝国。有学者指出，除了政治腐败、管理不善等人文因素，疾病和气候变化也是导致罗马帝国由盛转衰的重要原因。罗马帝国的贸易十分繁盛，货物和人员流动频繁，这为疾病的传播创造了条件。公元 2 ~ 3 世纪，包括天花在内的多种传染病大规模暴发，导致大量罗马人口的死亡，抑制了罗马的经济发展，削弱了罗马军队的战斗力。

气候变化导致的农业衰败是导致罗马衰亡的另一大因素。学者们研究发现，中亚大旱和欧亚大陆西北部的气候变冷可能促使了日耳曼部落、哥特人和匈奴人不得不迁入罗马帝国，从而引发了欧洲的民族大迁徙，加速了罗马帝国的灭亡。

再来认识两个比较小的文明，它们的灭亡也跟当地地理、气候的变化密不可分。

米诺斯文明始于约公元前3500年，在希腊克里特岛兴盛了2000多年。大量证据表明，公元前1550年，希腊圣托里尼岛的一场大规模的火山爆发重创了米诺斯文明。据推测，米诺斯文明衰落的原因可能是火山喷发引起的巨大海啸，摧毁了沿海城市，造成了数年的饥荒，也让米诺斯人的宗教信仰受到严重冲击，种种不利条件被入侵的迈锡尼人所利用，导致米诺斯文明逐渐走向灭亡。

米诺斯文明留下的壁画中有大量船队游行的内容，说明米诺斯文化与大海关系密切，该文明由火山爆发引起的海啸所灭绝。

"新月沃地"见证了人类最早的定居农业的发展、文字的发明、城市的出现，孕育了苏美尔文明等古老文明。有考古学家研究发现，这个地区的人们已经掌握了利用附近河流来灌溉农田的技术。但是他们缺乏精心管理土地的能力，导致耕种的土地出现了土壤盐碱化等问题，以致农田因不再适合种植作物而被遗弃，人们也不得不随之搬离这个地区。

注释　新月沃地：是指约旦河、幼发拉底河和底格里斯河三条河流流经的西亚、北非地区的一连串肥沃的土地。因为在地图上看，这一地区的形状好像一弯新月，所以被考古学家称为"新月沃地"。

**志留纪假说**

在人类现代文明出现之前会不会存在我们目前尚未发现的先进文明呢？有人推测，古人类可能早已发展出了先进的科学技术，只是由于某种可怕的灾难而没落了，这种猜想被称为"志留纪假说"。当然，发明先进文明的物种不仅限于人类。万一恐龙科学家早已用望远镜追踪到了致命的陨石，知道了终将灭绝的命运，只是无力阻止呢？

如果这样一种古老先进的文明确实先于人类存在，那么它会留下什么痕迹呢？陆地上大多数的物体最终会被侵蚀掉，唯一的痕迹将被埋藏在泥沙里。我们的工具和建筑将被摧毁，但像我们对气候的影响，或者核试验产生的不寻常的同位素，将在世界各地的岩石层中持续存在数百万年。我们留在其他星球（如月球和火星）上的人工制品也会长时间地存在，因此，这些地方也是寻找先进古代文明的好地方。尽管很少有科学家相信这种可能性，但是，未来的发现也许会改变我们对历史的认知。地质学家和考古学家始终对新发现持着开放态度。志留纪假说为我们提供了看待人类历史的新角度，也促使了科学家在其他星球上寻找生命的踪迹。

古新世—始新世地温最大值（5.55万年）

δ¹³C DSDP 527&1209B
δ¹⁸O DSDP 527&1209B
δ¹³C（局部回归）
δ¹⁸O（局部回归）

古新世—始新世极热事件开始

时间（千年）

# 天降危机

## 大过滤器理论

人类在意识到地球只是宇宙中一颗平凡的行星以及智慧生命可以从无机物进化产生后，产生了疑问："为何我们一直没有遇到来自其他星球的智慧生物？"物理学家恩里克·费米曾为此发问："他们在哪？"于是，后人用"费米悖论"来总结理应大量存在的外星文明却从未在我们面前展露行迹这一矛盾现象。

为了解释费米悖论，各领域学者纷纷提出了多种理论和假说。牛津大学人类未来研究所副研究员罗宾·汉森认为，生命从诞生到进军星辰大海有多个关键阶段。他提出的关键阶段包括：1. 宜居的行星系统。2. 可自我复制的分子。3. 简单单细胞生物（原核生物）。4. 复杂单细胞生物（真核生物）。5. 有性繁殖。6. 多细胞生物。7. 可使用工具的智慧生物。8. 有潜力进军太空的文明。9. 实现星际殖民扩张。按照这种说法，人类目前正处在倒数第二个阶段，大过滤器或许在未来等着我们，但也可能已经被我们成功突破。

汉森认为，我们目前无法在宇宙中发现其他生命存在的事实说明，即使有其他文明存在或曾经存在过，它们在这 9 个阶段（也许被分出了更多阶段，只是我们还不知道）至少有一个阶段没能跨越过去，实现继续发展，我们将这个导致它们失败的因素称为"大过滤器"。

生命从原核生物到真核生物用了大约 18 亿年，从单细胞生物到多细胞生物大概用了 10 亿年，之后更复杂的生命形式进化出来，每一步都有成为"大过滤器"的可能。

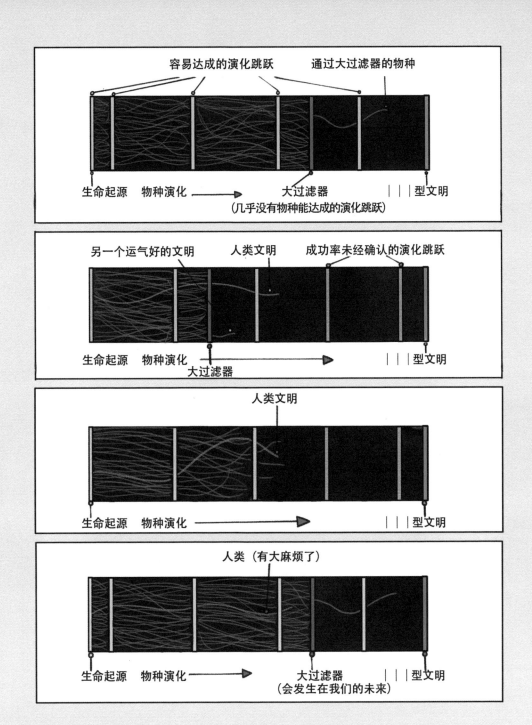

　　如果大过滤器已经过去，我们人类真是有点儿不同寻常，那的确是个好消息，因为这意味着，我们挺过了进化中的艰难时期。这不仅满足了我们的虚荣心，而且预示着我们仍有发展成为星际文明实现星际殖民的希望。所以，如果我们在火星上的生命搜索行动最终一无所获，反而值得庆幸。

# 小天体的撞击

如果我们没有那么幸运，大过滤器出现在了我们的未来，那我们不禁要开始思考最终阻止人类走向宇宙的因素会是什么呢？如果我们不是因为某些愚蠢的原因而自取灭亡，那打断人类文明发展的"凶手"或许是天外来客——比如一颗呼啸而来的小行星。地球曾经的遭遇警示我们：太阳系是个"交通事故"频发的地方。就在2013年2月，一颗闯入地球大气层的流星在俄罗斯的车里雅宾斯克上空爆炸。爆炸发出的闪光甚至灼伤了人的皮肤。爆炸产生的冲击波震碎了多栋建筑物的玻璃，还把许多居民掀翻在地，导致1200多人受伤。历史上，地球遭受过多次后果更为严重的撞击。

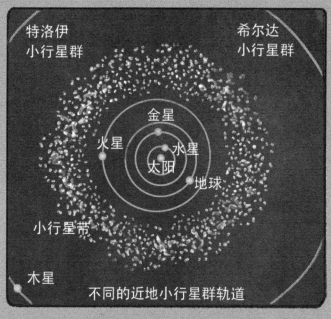

不同的近地小行星群轨道

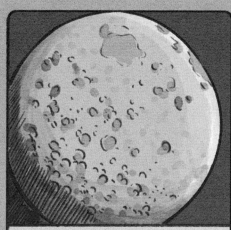

可以从布满月球背面的撞击坑，类推在地球轨道上受到近地小天体撞击的可能性

小行星和彗星之类的小天体都是太阳系行星形成过程中残留下来的边角料。小行星大多集中在火星和木星之间的主小行星带中，而彗星更远，在海王星轨道之外。但受周围行星引力扰动的影响，有一些小天体的轨道也会逐渐接近地球。那些轨道近日点与太阳的距离在1.3天文单位（AU，地日平均距离）之内的小天体被称为近地小天体，它们是有可能威胁到地球的。

当有体形较大的小行星撞击地球时，不仅会摧毁撞击点周围的一切，甚至会波及整个地球。剧烈的撞击除导致强烈地震和滔天海啸外，还会让大量的烟尘和细颗粒物进入大气，遮挡阳光，造成地球很长一段时间的寒冷和黑暗，这一现象被称为"撞击冬天"。这会使得光合作用难以为继，导致整个地球生态系统的崩溃。

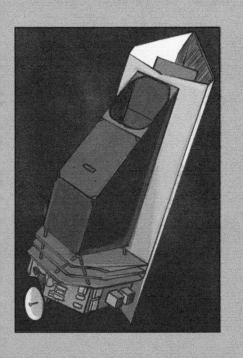

小天体撞击防御工作已经越来越受重视。2013 年 12 月，经联合国大会批准，国际小行星预警网络成立。该机构主要开展包括近地小行星的发现、监测、物理表征及潜在危险等的研究。中国也将建造近地小天体防御系统，旨在应对近地小天体撞击这一全人类面临的共同风险。无论如何，不管小天体撞击是不是一个大过滤器，人类都不会坐以待毙。

近地天体勘测者——太空望远镜，作用是调查可能对地球造成危险的小行星。截至 2022 年 5 月 12 日，人类已经发现的近地小天体 (NEO) 数量，其中直径超过 140 米的 NEO 为 1 万多颗。

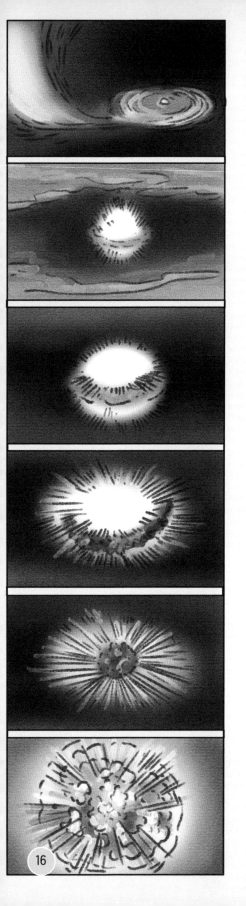

# 超新星

　　来自太空的威胁不只是小天体的撞击。动荡的宇宙中，会发生一些能量极高的天体物理事件，其中最可能影响到我们的就是超新星爆发。超新星爆发有两类：一类是大质量恒星在耗尽核燃料时，核心引力坍缩导致的爆炸；另一类是白矮星吸积过多伴星物质后，提高核心的温度，之后点燃碳融合，触发失控聚变反应而出现的超级核爆。不管是哪种超新星爆发，都会释放出大量的高能粒子和极强的电磁辐射，在短时间内发出胜过整个星系的光辉。

　　如果超新星爆发出现在距离地球不太远的地方，伽马射线、高能粒子和它们撞击地球大气所产生的次级粒子不仅会破坏地球生物的细胞和DNA，而且会毁掉地球臭氧层，让地表暴露在太阳紫外线之下。据美国伊利诺伊大学的天文学家推测，可能是一颗距离我们65光年的超新星导致了泥盆纪末期的生物灭绝。那个时代遗留下的植物孢子化石有遭受紫外线灼烧的痕迹，这表明当时的地球曾长期缺失臭氧层。

　　幸运的是，距离我们这么近的超新星十分罕见。有研究认为，30光年内的超新星每10亿年仅有0.05 ~ 0.5颗，也有研究认为可达到10颗。但不管怎样，它都不算常见。

还有一类特殊的超新星，即便远在危险范围之外，也可能威胁到地球。某些质量特别大的恒星在坍缩成为超新星时，会产生两条速度接近光速的物质喷流，并沿着喷流方向发出包括伽马射线在内的极强辐射，这种现象称为"伽马射线暴"。伽马射线暴影响地球的方式与超新星类似，也会完全破坏掉臭氧层，导致生物灭绝。不同之处在于，伽马射线暴的爆发能量集中在喷流方向上，因此杀伤力更强，影响的距离也更远。不过，伽马射线暴要比超新星爆发更罕见，再加上只有方向正对着地球才会影响到我们，所以给地球带来毁灭的概率也比超新星爆发小一些。

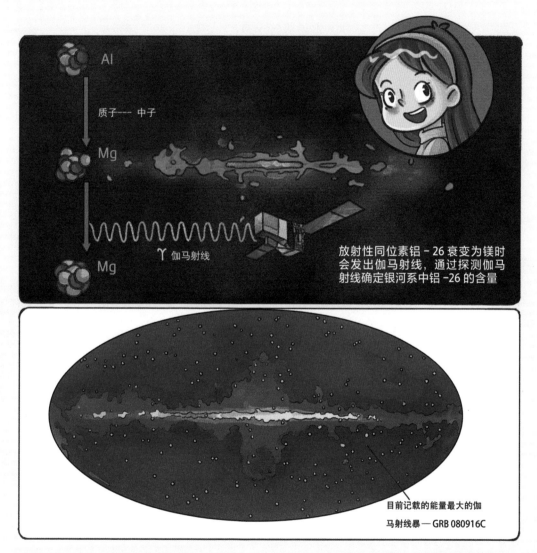

Al

质子--- 中子

Mg

γ 伽马射线

Mg

放射性同位素铝－26 衰变为镁时会发出伽马射线，通过探测伽马射线确定银河系中铝–26 的含量

目前记载的能量最大的伽马射线暴—GRB 080916C

美国国家航空航天局费米伽马射线太空望远镜从 2008 年开始搜寻高能射线暴，图中绿点显示它第一个十年观测到的 186 个伽马射线暴

# 来自地球内部的威胁

## 地球保护层的减弱

太阳的光芒是地球生命不可缺少的，但它同时也会释放一些对生命构成危险的物质。太阳风是从太阳射向外围的带电粒子流，由高能质子和原子核组成的宇宙射线也是带电粒子。太阳风和宇宙射线都很危险，因为这些高能带电粒子的传播速度非常快。比如，一些航天员曾感受到眼里（即使闭着眼）有闪光穿过，这就是宇宙射线视觉现象。有些科学家估计，这是由于带电粒子通过他们的眼睛引起的，这有可能对宇航员的眼睛甚至神经系统造成损害。

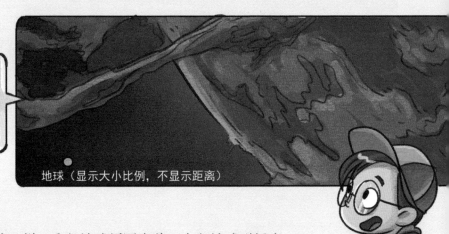

日冕物质抛射的物质抛射量巨大，图为抛射的规模与地球体积的对比

地球（显示大小比例，不显示距离）

与很多天体一样，我们地球周围有着一个以地球磁场为主的磁层。带电粒子遇到地磁层后发生偏转，从而远离地表。地磁层将带电粒子的有害能量阻挡在地表之外，对位于地球表面的我们起到保护层的作用。我们看到的美丽极光，就是发生在地磁极附近，是高能带电粒子流进入大气层的时候和高层大气碰撞产生的现象。

太阳风不是恒定的。太阳上有时会发生剧烈的爆发活动，在短时间内释放出巨大的能量（强烈的电磁辐射、带电粒子流或等离子体），这就是"太阳风暴"，包括太阳耀斑和日冕物质抛射等类型的喷发。这个现象发生时释放的高能物质如果"击"中了地球的磁层，就会产生地磁暴，也就是地球磁层会受到短暂扰乱。日冕物质抛射的带电粒子流有自己的磁场，它们与地球的磁场相互作用，会影响地球的磁场。磁场的变化会到达地表，地表的导电材料因此产生感应电流。此外，带电粒子会增加地表的辐射水平。

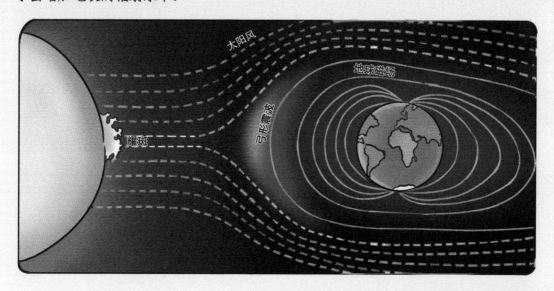

造成严重后果的磁暴会持续几天，大多数人还是可以幸免的，但假如地球磁场保护层失效，这样持续几百年的情况发生会怎么样呢？这并不是不可能的。在地球内部，含金属的液态外核围绕着固态的内核旋转，因此地球才有了动态的磁场。科学家通过研究古老矿物（化石磁）的磁化模式得知，地球磁场会定期改变其极性，很可能在发生这种变化时，磁场会在数百甚至数千年间变弱或不活跃。

# 摇晃的大地

地震是一种可怕的自然现象。地壳运动是引发地震最主要的原因之一。地震能导致地表断裂、山崩海啸、土壤液化等灾难性现象发生，还会摧毁建筑，威胁人们的生命安全。生活在地震频发地带的人们通常已经习惯了频繁发生的轻微地震。不过，他们也知道危险的大地震随时可能发生。

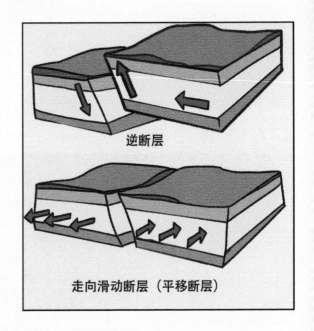

逆断层

走向滑动断层（平移断层）

为了了解在一个特定地区是否存在发生巨大地震的风险，科学家要寻找当地过去是否发生地震的痕迹（证据）。因为绝大多数地震属于构造地震，也就是地壳运动造成地壳岩层断裂或错动引发的地震，因此科学家首先要识别活动断层，即那些在地貌上有明显痕迹的断层，比如一条被错断的溪流，或者断层突破了地表形成了一个新的斜坡。通过在这些断层上挖掘壕沟，科学家可以使用放射性碳定年法等技术来追踪断层是什么时间开始移动的。以及断层在 1000 或 10000 多年中是如何移动的。断层的移动程度可以告诉我们这里所发生的地震的强烈程度，即震级。

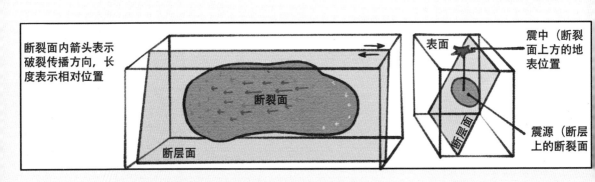

断裂面内箭头表示破裂传播方向，长度表示相对位置

断裂面

断层面

表面

断层面

震中（断裂面上方的地表位置）

震源（断层上的断裂面）

另一种技术看似简单却十分有效，就是研究那些位于山顶等高处的巨石，发生特别巨大的地震会震动这些巨石，使它们从山顶沿着山坡往下滑落。通过测量山顶巨石的年龄，科学家可以知道在这个地区至少在巨石的年龄期内没有发生过大地震。科学家一旦了解了某个地区曾发生过的巨大地震的时间，就可以预估该地区未来发生大地震的风险。一个好消息是，地震的规模受到地下岩石强度的限制，如果没有找到能证明过去某地发生过极其罕见的特大地震的证据，那么这个地区在未来也不太可能发生特大地震。

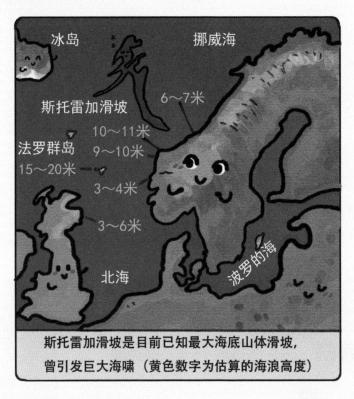

斯托雷加滑坡是目前已知最大海底山体滑坡，曾引发巨大海啸（黄色数字为估算的海浪高度）

地震的规模通常是有限的，它们可以摧毁一座城市，但不能摧毁一个文明。地震引发的另一种灾难是海啸。在海底或海岸处发生的地震、滑坡、火山喷发或气象变化产生的破坏性海浪可以穿越海洋、冲击沿海地区，造成严重的损失。比如，2004 年印度洋和 2011 年日本都发生过这样的天灾，至今还令人们记忆犹新。

注释　巨大地震：8 级以及 8 级以上的地震被称为巨大地震。

## 死亡来自地下

地震是可怕的，但火山可能更危险。

世界上总有某些地方会发生火山喷发，但很多火山喷发发生在偏远地区，因此并不特别引人关注。火山灰能生成极其肥沃的土壤，因此火山附近地区总是人们居住生活的地方。火山喷发的类型是各式各样的，不同的喷发类型和不同喷发物的危险程度也不同。缓慢流动的熔岩流相对不那么危险，尽管熔岩流破坏流经地的建筑，但因为流动速度比人的步行速度慢，因此对人的生命不会造成伤害；火山碎屑流是超热气体和火山灰的混合物，移动速度很快，而且温度可高达上千摄氏度，危险度很高；火山泥流是沿着火山流下的水和火山灰的混合物，移动速度也很快，因此也属于高危险的类型。

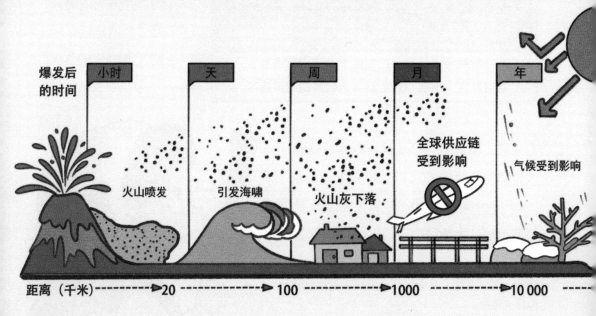

爆发后的时间　小时　天　周　月　年

火山喷发　引发海啸　火山灰下落　全球供应链受到影响　气候受到影响

距离（千米）➤20　➤100　➤1000　➤10 000

超级火山爆发在我们已知的整个地球历史上并不罕见。比如，大型岩浆岩区每1亿年会爆发一次，并伴随大规模生物灭绝事件。我们已知的地球陆地上最大的岩浆岩区是特纳普超级火山（即"西伯利亚暗色岩"）。这里原始岩浆岩覆盖面积为700万平方千米（现今面积约200万平方千米），总体积约为400万立方千米。发生于距今约2.51亿年前到2.5亿年前的那场超级喷发持续了至少100万年，不仅释放有毒气体而且引起气候变化，被认为是导致了地球上有史以来最大规模的物种灭绝的"罪魁祸首"。

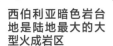

西伯利亚暗色岩台地是陆地最大的大型火成岩区

许多大规模灭绝事件与大型岩浆岩区的形成有关。比如，一个在南大西洋开放时期形成的大型岩浆岩区，在南美洲和非洲都能发现它留下的痕迹，科学家认为它与三叠纪末期的大灭绝事件有关。

科学家在研究古代发生的火山爆发时，除追踪气候变化和了解事件发生的精确顺序外，还可以检测沉积物中汞等金属的含量，用来评估火山活动对全球的影响。

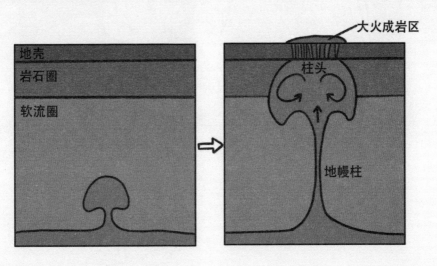

# 气候变化挑战人类生存

与世界其他地区相比，北极地区气候变暖的速度大概是其他地区的两倍，南极地区气候变暖的速度则是其他地区的数倍。在 21 世纪初，科学家们就发现格陵兰岛和南极洲以外地区的冰川也呈现大规模迅速消融的迹象。冰川融化不仅正在改变一些地区的地貌，而且在慢慢耗尽人类的淡水储备。

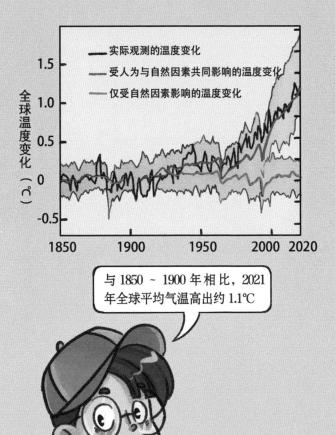

全球温度变化（℃）

- 实际观测的温度变化
- 受人为与自然因素共同影响的温度变化
- 仅受自然因素影响的温度变化

与1850～1900年相比，2021年全球平均气温高出约1.1℃

此外，冰川消融还会导致海平面上升。2020年，全球平均海平面达到历史新高。上升水平因地而异，取决于陆地是上升还是下沉。据推测，在最极端的情况下，到21世纪末，全球平均海平面上升可能超过1米。根据美国国家海洋和大气管理局的报告，美国部分海岸线的海平面上升幅度可能超过2米。尤其是纽约市和新奥尔良这样的城市，更是面临海平面上升带来的风险。

海平面上升同样也对世界其他城市产生了威胁，如加尔各答、曼谷、胡志明市和雅加达等。太平洋地区的一些岛国，包括马尔代夫、马绍尔群岛和图瓦卢等，已经面临着被海水吞没的危险。另外，海平面上升还可能导致海水倒灌的发生。大量海水入侵地下含水层，使淡水无法饮用。

淡水　　海水

## 更多的极端天气

随着气候变化的持续，极端天气可能会变得更加常见。气候变化将产生一系列影响。一些地区出现洪水和猛烈风暴的次数将大幅增加。据统计，2012 年飓风"桑迪"造成的经济损失比相同自然灾害所带来的经济损失多出 81 亿美元。城市排水系统不能及时排水而引发的内涝，还会引发严重的卫生危机。

其他地区则出现了长期干旱现象。持续干旱不仅增加了野火风险，而且加大了水资源储备的压力。干旱还会降低农作物产量。科学家仍在研究其他类型的极端天气与气候变化之间的关系。

然而，并非所有地区都受到了同样的影响。让人难以想象的是，如果冰川融化加剧海水盐度降低并影响到洋流，进而引起气候变化的话，有些地方甚至可能会遭受更加严寒的气候。一个被称为大西洋经向翻转环流的洋流系统目前正处在 1000 年来最弱的时候。如果该洋流系统崩溃，欧洲北部和北美部分地区的海平面将上升加剧，生活在那里的人们会受到更多的极端寒冷天气的影响。洋流的变化甚至可能会对世界上较温暖地区的季风产生影响。

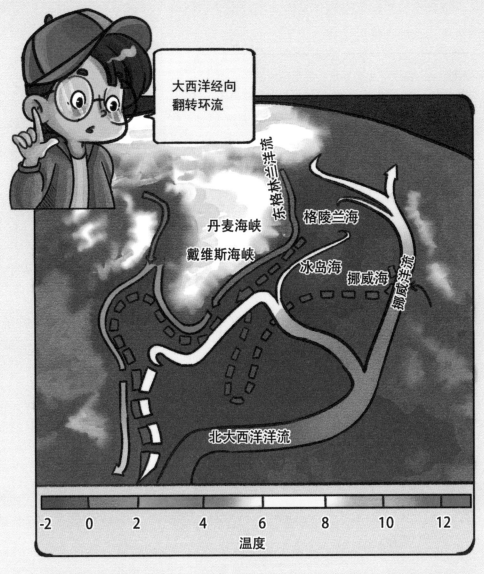

大西洋经向翻转环流作为全球热量分配的调节器，将大西洋低纬度温暖的海水向北输送至高纬度寒冷地区

## 破坏生态系统

自然界被破坏的生态系统往往可以从不同的"压力"中恢复。然而，一旦生态系统被破坏的程度达到某一临界点，它可能永远被改变，无法再恢复到原来的健康状态。

当大量的温室气体被排入大气中，最快可能在2030年，热带海洋栖息地就会发生急剧变化。在一份2020年的报告中，研究人员表示，到2050年，热带森林和高纬度地区的气候将产生更频繁的剧烈变化。

某些物种可能会改变它们生活的地理范围。但即使一些物种可以迁移，它们所依赖的生态圈系统往往无法转移。

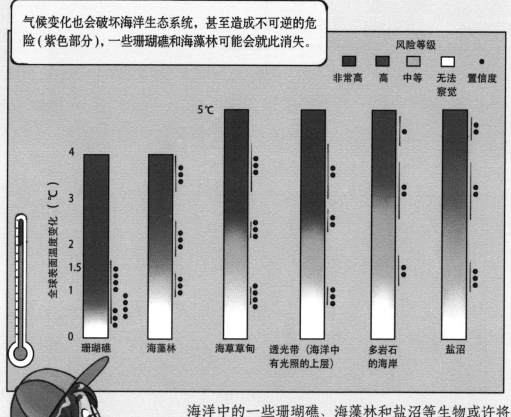

气候变化也会破坏海洋生态系统，甚至造成不可逆的危险（紫色部分），一些珊瑚礁和海藻林可能会就此消失。

海洋中的一些珊瑚礁、海藻林和盐沼等生物或许将会消失。陆地上的热带雨林、大草原和其他栖息地也可能经历巨大的变化。2021年的一项研究发现，气候变化可能对全球270多个生物多样性地区造成破坏。而那些只能生活在一个区域内的地方性物种，可能会受到最严重的打击。研究人员表示，大约1/3的地方性陆地物种和超过一半的海洋生态系统中的物种正处于危险之中。

生态系统的消失或物种灭绝所造成的影响难以估量，但对于依赖这些生态系统生存的人们来说，同样损失惨重。特别是低收入国家的人民，他们面临的风险最大。例如，多种因素导致的非洲部分地区的荒漠化，将会让当地居民本就缺乏生活生产资源的生活雪上加霜。

即使一些物种没有灭绝的风险，气候变化也会影响到它们。比如蜜蜂，人类依赖蜜蜂作为媒介给许多作物授粉。2019 年的一项研究发现，与上一年较为正常的花期相比，2019 年地中海地区的蜂巢在受高温、干旱和花期缩短等因素的影响，当地的蜜蜂体重明显下降。这项研究结果表明，更加频繁的极端天气无论是对蜜蜂来说，还是对依赖它们的农场来说，都是不小的打击。

## 对人类健康的影响

极端高温天气对人类来说可能是致命的威胁。

在世界各地，含有更多水分的暖空气增加了人类热应激的风险。低收入人群和其他弱势群体更将面临艰难处境。全球变暖也会导致更多人死于哮喘和其他因空气中臭氧浓度增加而加剧的疾病。气候变化会让携带疟疾、登革热等病毒的昆虫的生活区域发生改变，这会使人们更容易感染上这些疾病。政府间气候变化专门委员会在一项专门的报告中警告说，如果不采取保护措施，患传染疾病的人数和死亡人数将进一步增加。

2021 年 10 月的一项研究发现，如果全球平均气温比 2000-2019 年的平均气温高 4℃，那么与高温有关的死亡事件将大幅增加，进而使全球死亡率提高 8% 以上。会有更多的人患上过敏等其他非致命的疾病。极端天气事件造成的个别灾害会带来更多的健康风险。伴随不断增加的热应激，有些人甚至会出现心理健康问题。

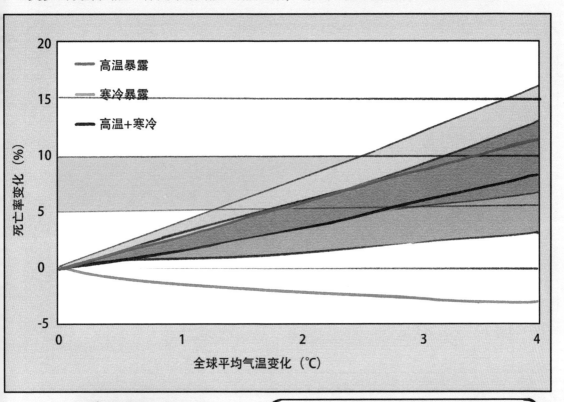

2000-2019 年全球平均气温逐年升高，与温度相关的死亡率也随气温的升高而增加。其中，高温暴露造成的死亡大于寒冷暴露。如果全球平均气温比 2000-2019 年的平均气温高 4°C，那么与高温有关的死亡可能使全球死亡率提高 8% 以上

注释 热应激：机体对热环境发生全身性、综合性的生理反应。在高环境温度中的机体对热环境对机体提出的任何要求所做的非特异性的生理反应的总和。

## 对社会和经济的影响

越来越多的极端天气也会提高人类的经济成本和社会成本。热应激和其他疾病的增加，可能影响人们正常的学习和工作。对自然资源的过度开发，也会造成经济损失。而极端天气导致的灾难性损失，将会随之增加。

世界银行在 2021 年的报告中指出，到 2050 年，气候变化带来的最坏情况可能会迫使多达 2.16 亿的人口从本国境内迁移出去。在这些移民中，将会有超过 1 亿的非洲人。移民的涌入可能对接受国的社会及经济发展造成影响。相关研究人员还预测，全球平均气温每升高 4℃，发生武装冲突的风险就会增加 10% ~ 50%。在这些武装冲突中，哪怕有一场发展成"小规模"的核战争，全球的生态系统都会因"核冬天"造成的气候影响而受到严重破坏。

世界银行预测，到 2050 年，六个地区共计 1.7 亿人因气候变化造成的负面影响而在本国境内迁移，其中撒哈拉以南的非洲地区受到的影响最大。

# 超级智能会毁灭人类吗

## 失常的机器人

在一部美国电影中，反派角色是一个智能机器人。它为了拯救地球，决定消灭人类。还好有一队超级英雄成功阻止了灾难的发生。许多受欢迎的科幻电影和图书以机器人或计算机为主角，编剧或作者会让这些机器人或计算机"活"了过来并拥有一定的思想，转而攻击人类——它们的创造者。人类必须进行反击，摧毁这些机器，否则就会被消灭或奴役。

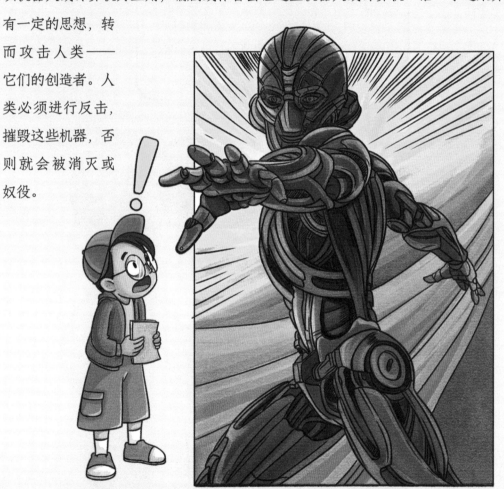

这样脑洞大开的故事会让电影或图书非常有吸引力，但也是超级智能威胁人类最不可能的一种方式。因为这种场景的发生是建立在拥有超级智能的机器有意识地

想要接管世界的假设下。这个假设似乎很合理，因为许多人渴望获得权力或寻求复仇。哈佛大学心理学家史蒂文·平克对此进行了解释："生物的进化本质上是具有竞争性的。现在地球上的许多具有高度智能的生物体都渴望拥有权力，并且会强硬地对待阻碍它们的人。"

如果我们把自己变成超智能生物或半机器人（机械化有机体），那么我们对权力的渴望可能会造成大问题。因为超智能的人类可能仍然渴望权力，并可能试图控制或摧毁普通人类。但是，如果人类将创造出的超级智能放入计算机或机器人内部，这些机器就不太可能自己决定是否来伤害我们。

杰夫·霍金斯是一名神经科学家。他在自己的书中写道："人工智能是学习'世界模型'的能力。就像地图能向你展示路线一样，模型可以告诉你如何实现某件事，但它本身并无目标或动力。我们作为智能机器的设计师，必须竭尽全力地设计动机。"换句话说，智能（甚至是超级智能），可能并无任何内在动机。无论机器有多聪明，都只会做其创造者想让它们做的事。要是有一个精神病患者创造出一个超级智能来统治世界，那我们就麻烦了。但大多数人在设计人工智能时，会以服从人类命令、保护人类安全为目标。

## 人类失去对人工智能的控制

服从人类指挥、保护人类福祉，这些目标听起来很棒，但都很模糊。而且，非超级智能的普通人如何持续实现这些目标呢？

这是一个悬而未决的问题，很多人试图回答。英国科学家斯图尔特·罗素说："智能实际上是指你按照理想的目标来塑造世界的能力。如果某物比你更智能，那么它就会比你更强大。你如何做到能永远控制住比你更强大的事物呢？感觉这并不可行。"

而且，超级智能不一定要邪恶或渴望权力才会造成大问题，可能只是由于它们忽视了人类。为什么这可能是件坏事？《欢迎来到未来》一书中有这样一个故事："人类比青蛙聪明多了。我们不会伤害青蛙，是因为我们不在乎它们在做什么。但如果我们要修建一条新路，而这条路要穿过一个青蛙池塘。我们大多数人不会为此做过多的思考。青蛙无法阻止我们，也无法为即将发生在它们身上的事做准备。对于超级人工智能来说，我们就是青蛙。"

在这些例子中，如果机器有一个更复杂的目标系统，包含创造者改变目标的限制或方法，情况就会好得多。至少创造者需要一种方法来关闭它！

不幸的是，人类可能无法关闭一个失控的超级智能。避免被关闭的愿望和复制并改进自己的愿望对任何目标的实现都是有利的。如果一个超级智能系统能修改自己的目标，它可能会添加这些目标，尝试更好地完成"交给"它的工作。

好消息是专家们已经意识到所有这些问题。波斯特罗姆在其 2014 年出版的《超级智能》一中提出了这些危险。但他认为灾难是可以避免的，他认为"失控并非必然"，会有越来越多的人努力让一台机器不仅拥有超人的解决问题的能力，而且始终听命于人类并遵从人类的价值观。

## 当前定义的人类的灭绝

在通往超级智能的几条途径中，人类通过自我修正获得更高的智力等能力。机器与人类的混合体更容易实现探索外太空、获得永生、实现自我复制等目标。有专家认为，与机器融合是我们在未来长期生存下去的最佳方式。由于这些混合体可以比人类生存得更久并遍布整个宇宙，因此创造它们就像是给自己购买的一份抵御所有生存性风险的保险。例如，如果一颗小行星摧毁了地球，至少还有一些人机混合体可以在其他星球上延续人类文明。或者，这些混合体如果具有超级智能，肯定能想出改变小行星飞行路线的方法来拯救地球。

这些人机混合体是否构成生存性风险的问题，取决于你如何定义人类。几乎可以肯定的是，这些混合体是人类的一个新物种。有些人认为，如果他们最终取代了人类，则可以看作人类已经灭绝了。

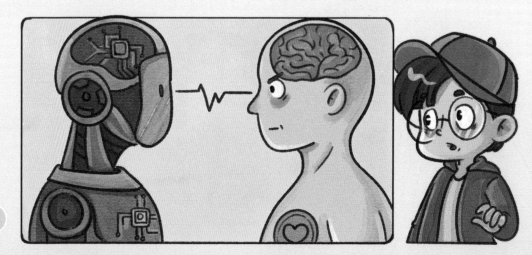

对其他人而言，人类进化成一种新形式的想法似乎是一种进步。卡内基—梅隆大学移动机器人实验室主任汉斯·莫拉维克在《智力后裔：机器人和人类智能的未来》一书中写道："根据目前的情况我们发现，在我们渺小而脆弱的地球上，当产生基因与思想的条件发生变化时，基因与思想往往会不复存在……我们推测最终会产生一个超级文明，太阳系所有生命的综合体，会不断地自我完善和延伸，从太阳向外扩散，将非生命转化为思想。"莫拉维克等支持优化人类和延长人类寿命，让人类成为他们所说的"后人类"。因此，他们被称为超人类主义者。

即使你支持"后人类"理论，人类向这个新阶段的过渡也不会顺利。"后人类"可能保留普通人的很多负面本性，比如对权力的渴望与贪婪。世界最终可能会分为后人类和普通人类。

如果后人类具有超级智能，一旦它们和普通人类发生冲突，普通人类不会有任何赢的可能性。

我们认为，"后人类"要么拯救人类，要么用一些我们现在无法理解的新的外星形态来取代人类。

# 科技领域的伦理问题

## 生物克隆技术

1996 年 7 月 5 日，英国用母羊的乳腺细胞成功克隆出一只小羊，人们为其取名为多莉。多莉成为世界上第一个被克隆成功的哺乳动物。多莉的诞生，在全球科学界、政界都引起了强烈反响，并引发了一场克隆技术引发伦理道德问题的讨论。

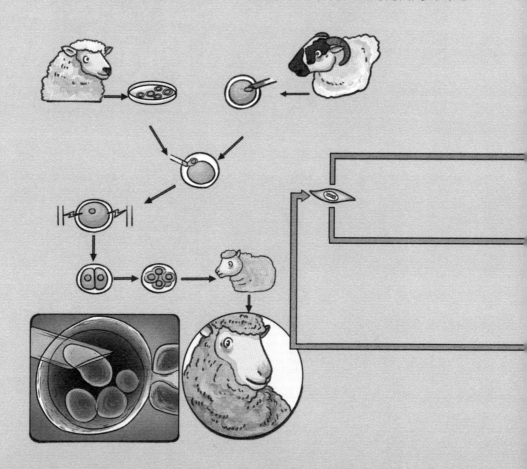

　　各国政府对待克隆技术的立场是：克隆人类有悖于伦理道德，反对克隆人，不赞成、不允许、不支持、不接受任何克隆人实验；但主张对治疗性和生殖性克隆加以区别。那么，什么是生殖性克隆，什么是治疗性克隆呢？

生殖性克隆是出于生殖目的研究克隆胚胎，要将其培育成人。学者认为，克隆是无性生殖，是一种低级的生殖方式。人类的生殖属于有性生殖。用克隆这种原始的生殖方式进行生殖，是一种倒退。同时，克隆是采用生物体细胞进行核移植产生的，由于体细胞与生殖细胞发育过程中的差异，生物的克隆胚胎往往存在严重的缺陷，存活率很低。出于人道主义考虑，也该禁止生殖性克隆。而且，如果大量克隆人以"流水线"的形式被生产出来，甚至会成为一种商品，克隆人的权利和尊严很可能受到伤害。

治疗性克隆是以治疗人类疾病的目的来克隆胚胎，并且不会将其培育成人。利用治疗性克隆，我们不仅可以从克隆胚胎中获得干细胞，然后操纵干细胞来获得各种细胞、组织甚至是器官用于移植，以治疗疾病，而且可以进行家畜的育种、重现濒危动物等研究，从而对科学的进步和社会的发展起到推动作用。

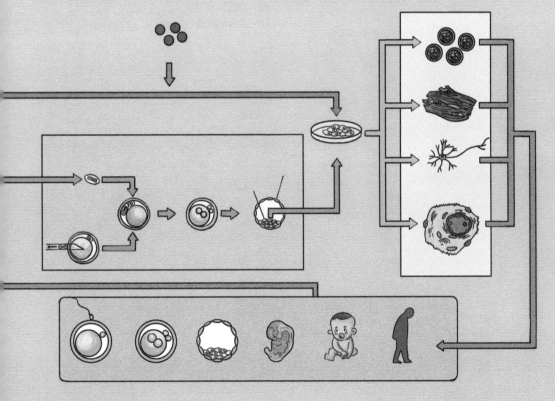

克隆技术造成的生物伦理学问题，远远超出了各种职业道德规范。它不仅让人类开始反思社会变革，以及科技发展是否打破了地球的平衡，而且对生命科学提出了一个很难回答的问题——人类科学在与道德和自由的博弈下，究竟还能走多远？

## 人造精子

2009 年，英国纽卡斯尔大学教授卡里姆·纳耶尼亚与同事首次利用人体干细胞造出人造精子。他们首先将男性胚胎干细胞转化为生殖干细胞，然后将生殖干细胞转化为精原干细胞，最后将精原干细胞培养成精子。通过显微镜观测，科学家清晰地看到了这种人造精子有头和尾，并能像正常的精子一样游动。人类首次利用人体干细胞造出人造精子，为部分男性不育症的治疗带来了希望。通过体外受精技术，可以将人造精子植入卵子之中，那样无法拥有健康精子的男性也可以拥有自己的骨肉了。人造精子也有助于人们更好地研究不孕不育症，帮助医学专家研制出能够提高怀孕概率的药物。目前，人造精子技术还处于研究阶段，尚未投入应用。

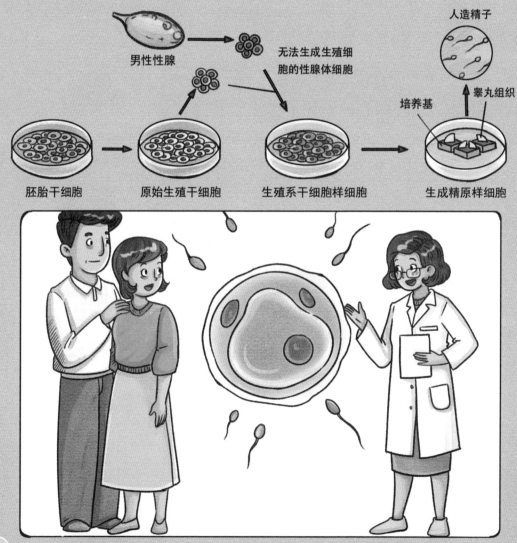

人造精子

男性性腺 · 无法生成生殖细胞的性腺体细胞

培养基 · 睾丸组织

胚胎干细胞 · 原始生殖干细胞 · 生殖系干细胞样细胞 · 生成精原样细胞

但是这项研究也充满医学和伦理学争议：（1）医生可以利用这项成果完全依靠人造手段制造出婴儿，这让男性愈发的多余。（2）理论上说，女性干细胞经过处理也可以产生人造精子，来"自产"婴儿。但由于女性细胞中缺乏生育男孩所必需的Y染色体，这些婴儿只能发育成女孩。这种做法会导致人类两性失衡。（3）由人造精子产生的后代是否能够坦然接受自己的父亲或者母亲竟是实验室里制造出来的一堆细胞，这同样也是一个问题。（4）科学家承认，正如电影《侏罗纪公园》里的场景一样，未来不排除有通过提取死者皮肤组织细胞，就能使那些长眠地下的人制造出自己后代的可能性。

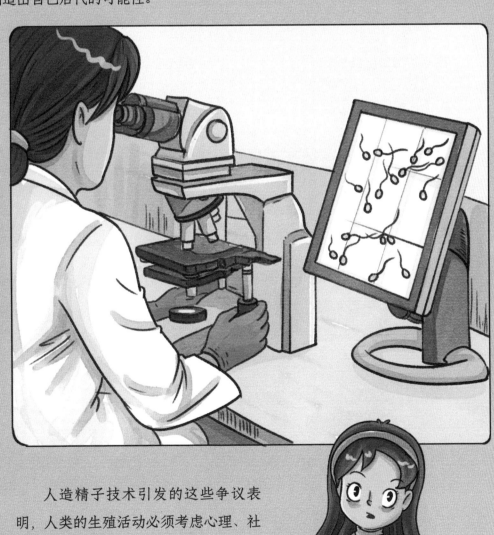

人造精子技术引发的这些争议表明，人类的生殖活动必须考虑心理、社会和伦理因素。

# 人类基因组编辑

随着生物技术的发展，我们已经可以根据人类基因组中的遗传数据进行医学诊断、疾病预防和群体遗传学研究，使科学家能够以新的方式治疗疾病，如基因疗法和细胞疗法等。目前，以 CRISPR-Cas9 为代表的基因编辑技术正迅速发展，它可以纠正 DNA 中的错误，实现精准医疗，但也面临着极大的伦理风险。

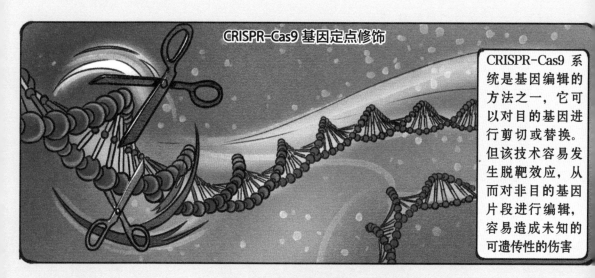

**CRISPR-Cas9 基因定点修饰**

CRISPR-Cas9 系统是基因编辑的方法之一，它可以对目的基因进行剪切或替换。但该技术容易发生脱靶效应，从而对非目的基因片段进行编辑，容易造成未知的可遗传性的伤害

基因组编辑是指在活体基因组特定位置进行 DNA 片段的插入、删除、修改或替换的一项技术。基因组编辑可以用于对病人的体细胞进行医学治疗，但如果对人类精子、卵子进行 DNA 编辑（人类可遗传或生殖细胞改造），就可能创造出具有特定基因组成的"新人"。

科学家指出，这种基因编辑会有很大风险。现在可以预见的是，基因编辑会导致"脱靶效应"和"镶嵌现象"。

脱靶是指不准确或不完整的编辑，导致 DNA 不适当的易位、倒置或大量删除。脱靶会导致健康问题，如损坏抑制肿瘤生长的基因，进而导致癌症。

镶嵌现象是指胚胎中只有部分细胞的基因得到修饰，使同一个人体内不同细胞带有不同的基因。一旦基因编辑技术出现"脱靶"或"镶嵌"，不但会影响出生个体的健康，而且产生的问题基因还会参与到生物体的遗传中，遗传给他们的子孙后代，代代不息，以至于改变人群的基因组。

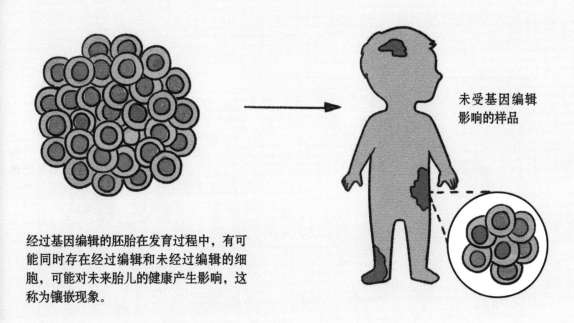

未受基因编辑
影响的样品

经过基因编辑的胚胎在发育过程中，有可能同时存在经过编辑和未经过编辑的细胞，可能对未来胎儿的健康产生影响，这称为镶嵌现象。

人类可遗传基因编辑如果被用于"制造"在智力和体能方面优化的个体，使少数人能获得被"优化"的基因，将严重违背人类的正义和公平。人类可遗传基因编辑潜在的道德、社会和安全问题一直是热议话题。包括各国政府、非政府组织、知识界在内的整个国际社会都在呼吁从国际层面制定指导方针。

此外，学术界还强调要在技术伦理的视角外拓展道德哲学的维度，开展基因伦理的前瞻性研究。因为随着基因技术的不断发展，未来世界可能会存在自然人和技术人、自然家庭和人工家庭混合共生的过渡形态，需要创新的道德哲学来调和并解决可能面临的新矛盾。

## 国际社会的共识

1997 年 11 月 11 日，联合国教科文组织第 29 届大会以鼓掌方式一致通过《世界人类基因组与人权宣言》。在这之后，联合国大会依次批准了《世界人类基因组与人权宣言》和《实施＜世界人类基因组与人权宣言＞的指导方针》。该宣言指出，生命科学伦理问题应在尊重基本人权和人人获益的基础上进行处理，发展科技进步。此外，还应促进各国间生命伦理学的探讨，以便全人类均能享受生命科学的成果，防止有害于人类的用途。

2003 年 10 月 16 日，联合国教科文组织通过的《人类基因数据国际宣言》指出，人类基因数据对于经济、商业以及生命科学和医学的发展都十分重要，但人类基因数据和蛋白质组数据中包含了个人、家族甚至种族的信息，具有敏感性和特殊性，所以都应高度保密。个人的利益和安康应优先于社会和科学研究的权利和利益。

2005 年 2 月 21 日，联合国教科文组织成员国全票通过《世界生物伦理与人权宣言》，确立了生物伦理领域的基本准则，声明国际社会承诺在科技研发和应用中尊重人类的一些普遍原则，并倡导在国家层级建立伦理委员会，向政策制定者和政府提供生物伦理方面的建议，鼓励社会上就生物和科技伦理问题进行公开辩论。

《世界生物伦理与人权宣言》

2021 年 11 月，联合国教科文组织成员国通过首份人工智能伦理全球协议《人工智能伦理问题建议书》。该建议书重点关注人工智能在数据保护、禁止大规模信息监控和社会信用评分、帮助监测和评估、环境保护等方面的应用规范问题。

# 灾难与自我防护

生物武器是指利用生物制剂进行杀伤和破坏的武器，包括生物制剂及其施放器材。生物武器的致病因子按性质分类可包括细菌、病毒、立克次氏体、衣原体、毒素和真菌六大类。常见的生物制剂包括炭疽杆菌、鼠疫耶尔森菌、土拉弗朗西斯菌、天花病毒、肉毒梭菌、委内瑞拉马脑炎病毒、志贺菌等。生物武器试图通过释放生物制剂来杀死或使大量敌方的武装部队、平民或牲畜生病、致残甚至死亡，并具有发病隐匿、疾病不易治愈、心身损害严重、常规医疗措施难以迅速缓解症状的特点。其伤害性取决于生物毒剂的剂量。

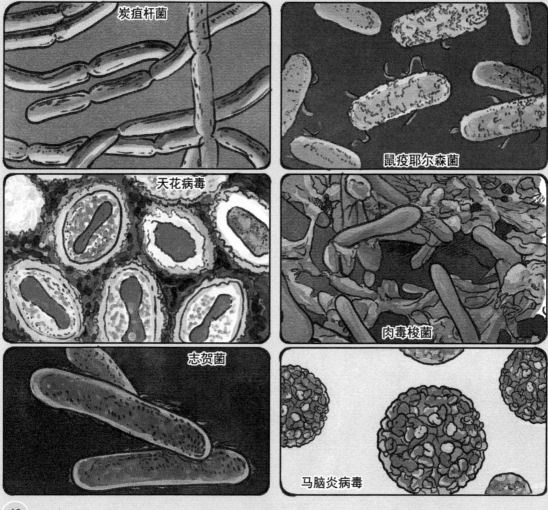

炭疽杆菌

鼠疫耶尔森菌

天花病毒

肉毒梭菌

志贺菌

马脑炎病毒

一旦我们的周围爆发战争，我们要注意一些特别现象，及时辨别敌方是否使用生物武器。比如，飞机低空飞行时，尾部喷洒云雾或撒下其他杂物；敌方投掷的炸弹爆炸时，声音沉闷，闪光小；地面是否出现特殊的容器、弹壳及弹片，弹坑浅表，周围有粉末或水珠残迹；注意昆虫、小动物出现的数量与季节等生物反常现象。此外，如果在短时间内发现大批有相同症状的病人、病畜，抑或在当地出现少见的疾病或出现发病季节反常等现象时，我们都要警惕是否存在施放生物武器的情况。

如果发现施放生物武器的情况，要及时采取应对措施，如佩戴防毒面具、用口罩或毛巾捂住口鼻、戴防毒眼镜或周边密封并能紧贴面部的风镜，还可以将上衣扎在裤腰里，穿胶鞋，用毛巾围好颈部，戴手套。此外，也可将雨衣或塑料布披在身上，在身体裸露部位涂抹防虫油或驱蚊剂，以防范带毒菌的昆虫。受污染的房屋、街道和物品需要进行充分消毒。受染人员也要接受消毒，洗消前用消毒剂擦拭污染部位效果会更好，有条件时可进行沐浴，或用肥皂擦拭污染部位。不食用疫区的蔬菜和畜肉制品，并且密封保管食品和饮用水。

佩戴防毒面具

将雨衣或塑料布披在身上

受污染的房屋、街道和物品需要进行充分消毒

# 化学武器

　　化学武器是承载有毒化学物质的各种武器和器材的总称。化学武器可以将有毒物质转化成蒸气、液滴、气溶胶或粉末等不同状态，使空气、地面、水源和物体感染病毒，以杀伤生命，其特点是杀伤途径多、范围广。许多类别的化学毒剂会导致人或动物出现眼部刺激和咳嗽等症状，但具体的临床表现还包括肌束震颤、分泌物增多、癫痫发作、瞳孔缩小或散大等。

失能性毒剂会引起精神活动紊乱，产生幻觉，使人暂时丧失战斗力。

窒息性毒剂可以损伤人的肺泡，使血液流出，导致窒息。

全身性毒剂作用于细胞呼吸链末端细胞色素氧化酶，可随血液传播至全身，使细胞能量代谢受阻严重时会在数分钟内致死。

在受到化学武器攻击时，要注意防护自己的呼吸道、皮肤和眼睛。保护呼吸道最常用的方法是佩戴防毒面具。防毒面具也可以保护眼睛，但是如果没有防毒面具可利用防风眼镜或游泳眼镜进行防护，尽量减少身体暴露。佩戴防毒面具前应立即闭眼、屏气，将面具迅速、准确地戴好。没有防毒面具的人员可以使用临时做好的浸了水的口罩、纱布、毛巾等简易器材进行防护。对皮肤保护的措施有穿戴防毒衣或对身体一些部位捆扎塑料布。雨衣、雨靴、羽绒服、皮夹克、塑料布、床单、帆布、毯子、大衣、被子等一切可以遮盖身体的物品都可以用来对身体各部位进行防护。

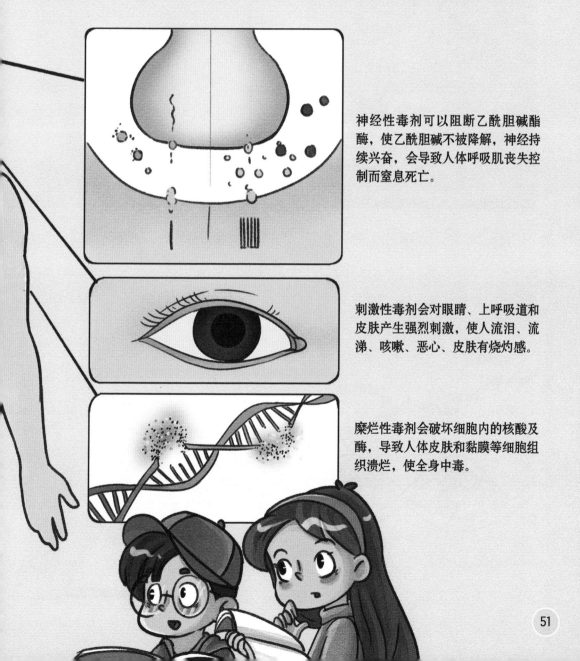

神经性毒剂可以阻断乙酰胆碱酯酶，使乙酰胆碱不被降解，神经持续兴奋，会导致人体呼吸肌丧失控制而窒息死亡。

刺激性毒剂会对眼睛、上呼吸道和皮肤产生强烈刺激，使人流泪、流涕、咳嗽、恶心、皮肤有烧灼感。

糜烂性毒剂会破坏细胞内的核酸及酶，导致人体皮肤和黏膜等细胞组织溃烂，使全身中毒。

## 核爆炸

核武器的爆炸威力，即爆炸释放的能量，用释放相当能量的三硝基甲苯炸药（英文：Trinitrotoluene，缩写：TNT）的质量表示，称为TNT当量。核当量越大，其杀伤力及破坏作用也越大。核爆炸的方式有地下（水下）爆炸、地面爆炸（水面）爆炸以及空中爆炸（一般在城市上空500米以上）。

核爆炸的危害主要有以下几种：爆炸后产生的冲击波伤害。爆炸产生的冲击波压强可达千万甚至上亿个大气压，人会被这种气压直接挤压致死。爆炸中心的温度可以将人直接化为灰烬，产生的高温还可以使周围的氧气被燃烧耗尽使人窒息而死，

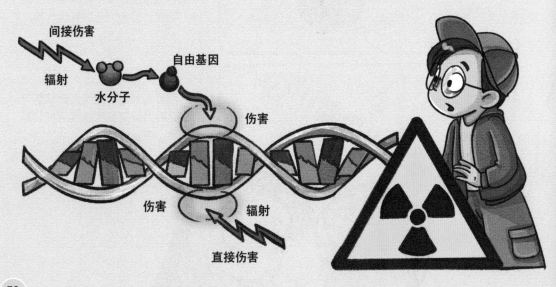

高温也会对人的皮肤、视力和呼吸道造成伤害；核爆炸会产生多种能破坏人体细胞组织的射线，以及破坏人体基因结构的致癌物质；核爆炸后产生的放射性物质会附着在尘埃上缓慢沉降，造成长期的放射性污染，被称为核沾染，核沾染会间接影响人类身体。

核爆炸的威力极具毁灭性，在爆心（核爆炸发生位置）500米范围内，生物生存的概率几乎为零。距离爆心500～3000米的范围内，如果在地面寻找掩蔽物将身体包裹严实，虽然不会当场死亡，但生存率仍然低于50%。在距离爆心3000～7500米的区域内，在地面寻找掩蔽物将身体包裹严实，生存率可超过70%。实际上，距爆心3000米之外的区域发生核爆炸时，要立即寻找就近的隐蔽物，用最快的速度跑过去，不看核弹、不直接面对核弹照射、捂紧耳朵。

隐蔽物可以是地下人防工事、地铁站、墙角、坚固的房屋内等。如果是在旷野，可以利用山洞、土窑、河沟、地窖等隐蔽设施。个人防护还需要做的是戴好防毒面具或口罩；用雨衣、塑料布、床单等物品盖住暴露的皮肤；关好门窗、堵住孔洞，密封食品和饮用水。服用碘化钾等药物，以减少身体对放射性碘同位素的吸收；尽量避免接触外物，掸落身上灰尘，并进行消毒、清洗。

寻找掩蔽物将身体包裹严实

寻找就近的隐蔽物（避难设施）

# 地震

地震是地球内部长期积累的能量突然释放出来所引起的地球表层的震动。严重的地震会造成建筑物的倒塌和人员伤亡，也会导致洪水、海啸等其他自然灾害的发生，造成大量的生命和财产损失。1976年的唐山大地震使整个唐山市瞬间几乎被夷为平地，成为一片废墟，造成约24.2万人死亡，约16.4万人重伤；2008年的汶川大地震造成近7万人遇难，受灾总人口达4625.6万人。

地震发生时，我们无法预估震级大小，没有十足的把握尽量不要下楼。地震发生时，如在家中，选择易形成三角空间的地方躲避，如卫生间、厨房等狭小空间或承重墙墙角边。注意不要使用电梯。室内较安全的避震空间有承重墙墙根、墙角，有水管和暖气管道等处。这些地方在房屋倒塌后容易形成三角空间，物体越大、越坚固，留下的空间就会越大，这个空间就是地震的"生命三角"。如果晚上睡觉时发生地震，就需要马上翻滚下床，在床边周围躺下，床的周围也会是一个"生命三角"，棉被枕头也可以用来保护身体的重要部位。此外，如果地震发生时，你正在使用煤气或电器，一定要记得随手关闭，然后再迅速躲避。

如果地震发生时，你正在户外，那你要做的是避开人多的地方，避开高大的建筑物，远离高压线和有毒的工厂，就地选择比较开阔的广场、公园等地方趴下或蹲下避震，用手或提包保护好头部。地震发生后，除了自救，互救也同样重要，但是要遵循互救的原则，先救近，后救远；先易后难，先救轻伤员和青壮年、医务人员，以扩大救助队伍。

## 海啸

海啸是一种灾难性的海浪，通常由海底地震、海底滑坡和火山爆发引起。海啸可以摧毁沿海的堤坝，淹没沿海低地，引发洪灾，造成大量人类和牲畜死亡，还会破坏建筑和设施。海啸造成大量人畜死亡后，如果不及时清理现场，会导致细菌滋生，瘟疫传播，影响人类身体健康，对生命财产造成严重伤害。2004年12月26日，印尼苏门答腊岛附近海域发生9.3级地震引发大海啸，波及了印尼、泰国、缅甸、马来西亚、印度甚至索马里、肯尼亚等国家，海啸导致29万人死亡或失踪，使得超过100万人无家可归。

地震是海啸发生最明显的征兆。如果你感觉到较强的震动，不要靠近海边、江河的入海口。生活在沿海地区的人们如果听到有关附近地震的报告，要做好预防海啸的准备，关注电视和广播新闻。此外，海啸有时会在地震发生几小时后到达距震源上千千米的地方。如果你在海啸发生时不幸落水，要尽量抓住木板等漂浮物，并注意避免与其他硬物碰撞，在水中尽量减少动作，能浮在水面随波漂流即可。这样既可以避免下沉，又能够减少体能的无谓消耗；在海水温度偏低时，为了防止体内热量过快散失，尽量不要脱衣服，不要游泳。此外，也不要饮用海水，因为海水不仅不能解渴，反而会让人脱水，影响中枢神经系统，从而出现幻觉，导致精神失常甚至死亡。

我们可以做的是尽可能向其他落水者靠拢，既方便相互帮助和鼓励，也可以扩大目标更容易被救援人员发现。人在海水中长时间浸泡会让体内热量散失，造成体温下降，因此落水者被救上岸后，最好能放在温水里恢复体温，或尽量裹上被子、毯子、大衣等保温，可以喝一些糖水来补充体内的水分和能量。

# 火山爆发

火山爆发之前一般会出现异常的征兆，比如刺激性的酸雨、很大的隆隆声或从将要爆发的火山地面冒出缕缕蒸气；火山在爆发前常有微震，火山岩外壳会出现破裂，地下水温会比平时高或出现异常，并且许多高大的火山常年被冰雪覆盖，如果火山上的冰雪融化，也预示着火山将要爆发。

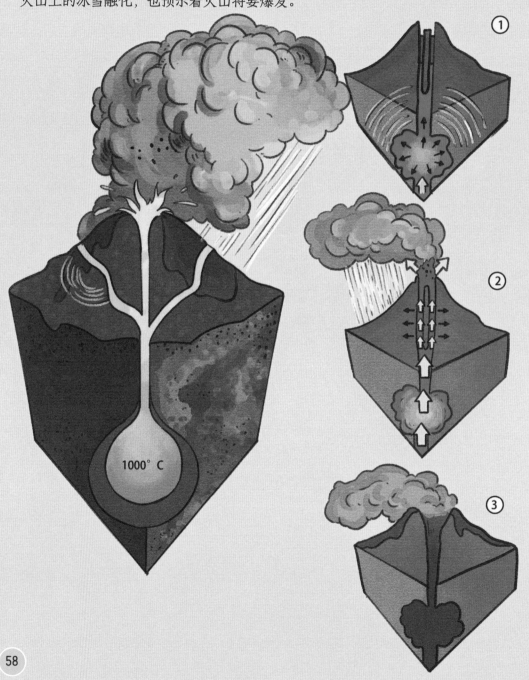

1000°C

① ② ③

听到火山爆发的警报后，要及时收听广播或打开电视，根据新闻公告评估险情，做出判断是否要躲入室内避难。火山爆发会喷出大量炽热的熔岩，它会一直向前推进，直到到达谷底或者最终冷却。当看到火山喷出熔岩时，我们可以迅速跑出熔岩流的路线范围。火山喷射物大小不等，从卵石大小的碎片到大块岩石的热熔岩"炸弹"都有，能扩散到相当大的范围。而火山灰则能覆盖更大的范围，其中一些灰尘能被携至高空，扩散到全世界，进而影响天气情况。

火山灰可使农作物窒息，阻塞交通路线和水道，并且伴随火山灰飘散的有毒气体，会对人体肺部产生伤害，尤其是对儿童、老人和有呼吸道疾病的人。如果火山喷发时你正在附近，应该快速逃离，并戴上头盔或用其他物品护住头部，防止火山喷出的石块等砸伤头部。当火山灰中的硫黄随雨而落时，会大面积、大密度产生硫酸，灼伤皮肤、眼睛和黏膜，这时应戴上护目镜、通气管面罩或滑雪镜以保护眼睛。如果没有工业防毒面具，可以用一块湿布护住口鼻来保护呼吸道。到避难所后，要脱去衣服，彻底清洗暴露在外的皮肤，并用清水冲洗眼睛。火山喷发时会有大量气体球状物喷出，这些物质会以每小时 160 千米以上的速度滚下火山，我们可以躲避在附近坚实的地下建筑物中，等球状物滚过去。如果是驾车逃离，一定要注意火山灰会使路面打滑。

躲避到兼顾遮挡物下

用一块湿布护住口鼻

戴护目镜

罩住食物

用洗涤剂清洗衣物

# 未来科学家小测试

**1.不属于大过滤器理论关键阶段的选项是（　）。**

   A.单细胞生物　　B.无性繁殖　　C.可自我复制的分子　　D.多细胞生物

**2.不属于大灭绝事件的选项是（　）。**

   A.奥陶纪末生物大灭绝

   B.泥盆纪生物大灭绝

   C.恐龙纪大灭绝事件

   D.白垩纪末生物大灭绝

**3.2013 年 12 月，经联合国大会批准成立的抵御小行星碰撞地球的网络为（　）。**

   A.国际行星预警网络

   B.国际小行星预警网络

   C.国际小行星防空网络

   D.国际陨石预警网络

**4.当发生海啸不幸落水时，下列选项中正确的做法是（　）。**

   A.抓住木板等漂浮物　　B.在水中游泳　　C.饮用海水　　D.脱掉衣服

**5.不属于克隆技术的优点的选项是（　）。**

   A.治疗人类疾病

   B.重现濒危动物

   C.威胁基因多样性

   D.提高粮食产量

**6.** 人类成功克隆出的动物是（ ）。

   A. 小猪　　B. 小牛　　C. 小猴　　D. 小羊

**7.** 请你谈一谈发生核爆炸时，我们应该怎样躲避。

_____

_____

_____

**8.** 请你谈一谈冰川融化对世界带来的影响。

_____

_____

_____

**9.** 请你说一说遇到火山喷发时，我们应该怎么办。

_____

_____

_____

**图书在版编目（CIP）数据**

人类的生存性风险 / 小多科学馆编著；石子儿童书
绘. -- 北京：电子工业出版社，2024.7. -- (未来科
学家科普分级读物). -- ISBN 978-7-121-48139-0

Ⅰ. X24-49

中国国家版本馆CIP数据核字第20241G9N58号

责任编辑：肖　雪　季　萌
印　　刷：北京利丰雅高长城印刷有限公司
装　　订：北京利丰雅高长城印刷有限公司
出版发行：电子工业出版社
　　　　　北京市海淀区万寿路173信箱　邮编：100036
开　　本：889×1194　1/16　印张：24　字数：460.8千字
版　　次：2024年7月第1版
印　　次：2024年7月第1次印刷
定　　价：158.00元（全6册）

凡所购买电子工业出版社图书有缺损问题，请向购买书店调换。若书店售缺，请与本社发
行部联系，联系及邮购电话：（010）88254888，88258888。

质量投诉请发邮件至zlts@phei.com.cn，盗版侵权举报请发邮件至dbqq@phei.com.cn。

本书咨询联系方式：（010）88254161转1860，xiaox@phei.com.cn。